JN052027

野生ネコ

新装版

監修 今泉 忠明

目 次

（扉）アフリカや中東の乾燥地帯に棲むカラカル。
（左頁）インド北東部から東南アジアにかけて生息する
ウンピョウ。

（カバー表）雪のような美しい毛皮を持つユキヒョウ。
（カバー裏）森の中でくつろぐカラカルのペア。
（カバー折り返し）まだ幼いマヌルネコ。
（表紙）木の上にたたずむチーター。

野生ネコの生息域MAP

参考資料：『野生ネコの百科 第4版』（データハウス）

ヨーロッパヤマネコ

ユーラシアオオヤマネコ

ユキヒョウ

ヒョウ

トラ・ヒョウ

スナドリネコ

ライオン

カラカル

リビアヤマネコ

サーバル・カラカル

ベンガルヤマネコ

ライオン

ヒョウ

獲物を捕えるパワーと技術を進化させ、捕食者としての地位を獲得したネコ科動物は、地球上のさまざまな地域に分布していった。比較的新しい時代に出現したことから、オーストラリアやニューギニア、マダガスカル、グリーンランドなどの古代に隔離された地域には進出していない。図は代表的なネコ科動物の分布を示しているが、多くの地域で、大型・中型・小型種の生息域が重複していることがわかる。

■カナダオオヤマネコ

ボブキャット

オセロット

マーゲイ

■ピューマ

大型種（頭胴長130cm以上）

中型種（頭胴長70～110cm）

小型種（頭胴長70cm未満）

※上記はあくまで目安です。

■ジャガー

■ピューマ

ジョフロイキャット

ネコ科の動物とは？

ネコ科動物の起源

　ネコやイヌ、アシカなどを含む食肉目（ネコ目）の祖先は、約5500万年前に出現した、ミアキス（*Miacis*）という小型捕食動物だと考えられている。ミアキスは、四肢の指の先端に出し入れのできるかぎ爪を備え、樹上で生活していたようだ。このミアキスに近い特性を残して進化し、約1100万年前に現れた種が、現生のネコ科（*Felidae*）である。

　ネコ科動物には、1600万～1万1000年前の間、マカイロドゥス亜科（*Machairodontinae*）というグループが存在した。上顎に非常に発達した犬歯を持ち、サーベルタイガーもこのグループに含まれている。マカイロドゥス類は大型の捕食動物として長い間繁栄したが、後に出現したヒョウ属やオオカミの台頭により、絶滅したとされる。

マカイロドゥス亜科の動物の頭骨。上顎の犬歯の長さが20cmに及んだ種も存在していた。

分類

　かつては、ネコ亜科（*Felinae*）とヒョウ亜科（*Pantherinae*）の2亜科、またはチーター亜科（*Acinonychinae*）を加えた3つの亜科に分類されていた。現在の系統分類では、現生のネコ科動物全体がネコ亜科に分類され、以下の8つの系統に分けられている。

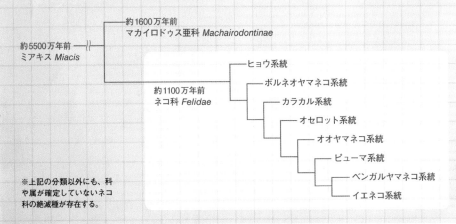

約5500万年前 —— ミアキス *Miacis*

約1600万年前
マカイロドゥス亜科 *Machairodontinae*

約1100万年前
ネコ科 *Felidae*

- ヒョウ系統
- ボルネオヤマネコ系統
- カラカル系統
- オセロット系統
- オオヤマネコ系統
- ピューマ系統
- ベンガルヤマネコ系統
- イエネコ系統

※上記の分類以外にも、科や属が確定していないネコ科の絶滅種が存在する。

ネコ科動物の特徴

　ネコ科の動物は、アフリカからアジア、南北アメリカにわたる幅広い環境に順応し、それぞれ進化を遂げていった。そして現在は、多くの野生ネコが捕食動物として生態系の上位に君臨している。身体は筋肉質だが柔軟に動くことができ、多くの種が瞬発力を活かした動きで狩りや木登りをする。狩りの際は、音を立てずに獲物に忍び寄るか待ち伏せをし、跳びかかって前足で仕留めたり、獲物の喉に食らいついて窒息させたりする。

● 目の構造

ネコ科動物の目は顔の正面に位置し、獲物までの距離を正確に測ることができる。多くがもともと夜行性で、森林で活動する種が多いため、明暗の変化に対しては、瞬間的に瞳孔が収縮し、素早く対応することができる。また、網膜の後部に「輝板（タペタム）」と呼ばれる光の反射層があり、光を増幅させることにより暗い場所でも物を見ることができる。

● 脚・爪の構造

ネコ科の動物は木登りやジャンプを得意とするが、チーターのように強力な後ろ脚を使って速く走るものもいる。爪は常に鋭く、木登りや狩りに用いる。チーターとスナドリネコ、マレーヤマネコ以外の種で、爪の出し入れが可能である。また、イヌやクマなどほかの食肉類と同様に、足の裏には肉球を備えており、足音を抑えて獲物に気付かれずに近づくことができる。

● さまざまな模様

ネコ科動物の多くが、身体の一部または全体に縞や斑点の模様を持っている。一見派手なこれらの体毛は、茂みの中や樹上では周囲の景色に溶け込み、迷彩服のように輪郭を目立たなくする効果がある。こうした模様は、獲物に忍び寄る際は役に立つが、子どもが親の後を追うときなどには姿を見失ってしまいかねない。このため、多くの種は耳の後ろに白い模様（虎耳状斑）や尾先に白色部があり、仲間を見分けやすくなっている。

イエネコの仲間

FELIS

ネコ属は、人間に最もなじみのあるイエネコと近縁の野生種を含む、ネコ科のなかでも比較的小型のネコのグループである。これらの種は、沼地や砂漠などの多様な環境に適応し、アフリカからユーラシア大陸にかけて広く分布している。

【ネコ属】

リビアヤマネコ *Felis silvestris lybica*

ヨーロッパヤマネコ *Felis silvestris silvestris*

イエネコ *Felis silvestris catus*

ハイイロネコ *Felis bieti*

ジャングルキャット *Felis chaus*

クロアシネコ *Felis nigripes*

スナネコ *Felis margarita*

アフリカに生息するリビアヤマネコ。
イエネコの祖先だと考えられている。

リビアヤマネコ African Wildcat (*Felis silvestris lybica*)

ネコ科・ネコ属・ヤマネコ種
【頭胴長】45〜75cmほど　【尾長】21〜35cmほど

アフリカから中東・西アジアに生息する、ヤマネコの亜種の一つである。DNAなどの解析結果から、世界中に広く分布しているイエネコの原種であるといわれている。イエネコよりも比較的すらっとした灰褐色の体躯と、顔と四肢のしま模様が特徴。

あくびをするリビアヤマネコ。その表
情はやはりイエネコに近い。

ヨーロッパヤマネコ European Wildcat (*Felis silvestris silvestris*)

ネコ科・ネコ属・ヤマネコ種
【頭胴長】45～75cmほど 【尾長】21～35cmほど

ヨーロッパ、トルコ、コーカサス山脈の森林や草原に生息するヤマネコの亜種。リビア
ヤマネコと同程度の大きさだが、より分厚い毛皮で覆われている。19世紀まではヨーロ
ッパ各地やロシアに多く分布していたが、狩猟や都市化などにより姿を消していった。
また、野良ネコとの交雑が進んでいることも、種の数に影響を及ぼしている。

ヨーロッパヤマネコの親子。子ネコは生後3カ月ほどで母親と一緒に狩りに出かけるようになり、5カ月で独り立ちするとされる。

イエネコ Domestic Cat (*Felis silvestris catus*)

ネコ科・ネコ属・イエネコ亜種
【頭胴長】30〜75cmほど　【尾長】20〜40cmほど

イエネコの起源は、中東で農耕が行なわれるようになった頃、ネズミが集まる穀物の貯蔵庫に棲みついたリビアヤマネコが、人間に懐いたことが始まりだとされる。その後は農耕の伝播とともに世界各地に広まったが、今日では愛玩動物として、さまざまな品種が人間によって生み出されている。

ネコの語源が「寝子」であるという説も
あるほど、イエネコの睡眠時間は長い。

自由に出し入れすることができる爪は、
ネコにとって最大の武器でもある。放し
飼いのネコや野良ネコは、木の幹などを
使って爪とぎを行なう。

首の後ろをくわえて子ネコを運ぶ親ネコ。首の後ろの皮膜は襟首（えりくび）と呼ばれ、痛点が鈍化しているため、痛みをあまり感じないという。

樹上性の傾向が強いためか、屋根の上な
どの高所を好むイエネコも多い。

ハイイロネコ Chinese Mountain Cat (*Felis bieti*)

ネコ科・ネコ属
【頭胴長】69〜84cmほど　【尾長】29〜35cmほど

中国西部の森林や乾燥地帯に生息しており、絶滅が危惧されているネコである。砂漠で保護色となる明るい色の毛皮を持ち、脚と尾にしま模様がある。非常に数が少ないことや、人間が容易に立ち入ることのできない場所に棲んでいることから、詳しい生態は未だに分かっていない。

ジャングルキャット Jungle Cat (*Felis chaus*)

ネコ科・ネコ属
【頭胴長】50〜75cmほど　【尾長】25〜35cmほど

乾燥した森林やサバンナ、低木地帯、湖沼付近の葦原など、さまざまな場所に生息する。イエネコに比べ大型で、四肢が長いという特徴を持つ。ジャングルキャットという名前から、熱帯雨林に生息していそうなイメージだが、この場合のジャングルは、雑草や低木の密生する「やぶ地」を指す。

ジャングルキャットの三角形の大きな耳の
先端には、長くはないが、黒い房毛がある。

クロアシネコ Black-footed Cat (*Felis nigripes*)

ネコ科・ネコ属
【頭胴長】33〜52cmほど　【尾長】15〜20cmほど

アフリカ南部の乾燥地帯にのみ生息し、開けた草原やサバンナを活動の
拠点としている。ネコ科動物のなかで最も小さく、足の裏側が黒いこと
からその名が付けられた。古いシロアリの塚やトビウサギの巣穴など、
ほかの動物が捨てた巣をすみかにしている。

小さく可愛らしい姿をしているが、追い詰められると猛然と反撃するなど、攻撃的な一面もあり「アリ塚のトラ」とも呼ばれている。

スナネコ Sand Cat (*Felis margarita*)

ネコ科・ネコ属
【頭胴長】40〜57cmほど　【尾長】23〜35cmほど

北アフリカから中央アジアにかけての砂漠にのみ生息するスナネコ
は、不毛な荒れ地という環境に適応した。足の裏は長い毛で覆われ、
熱い砂から皮膚を守り、足が砂にめり込むのを防ぐ。夜行性で、日中
は岩陰に身を潜め、夜になると巣穴から出てきて活動を開始する。

スナネコの大きな耳は、砂
の下に潜むトカゲなどの
獲物の場所も突き止める
ことができる。

ベンガルヤマネコの仲間

PRIONAILURUS, OTOCOLOBUS

ベンガルヤマネコ属は、主にアジアに生息するネコ科の属。アジアに生息するヤマネコのうち、最も原始的な種であるイリオモテヤマネコから分岐し、広く分布していったと考える学者もいる。多くの種が森林に生息し、水に入ることに抵抗のないものが多い。

【マヌルネコ属※】

マヌルネコ *Otocolobus manul*

【ベンガルヤマネコ属】

ベンガルヤマネコ *Prionailurus bengalensis*

スンダヤマネコ *Prionailurus javanensis*

アムールヤマネコ *Prionailurus euptilurus*（または *Prionailurus bengalensis euptilurus*）

ツシマヤマネコ *Prionailurus euptilurus tsuensis*（または *Prionailurus bengalensis euptilurus*）

イリオモテヤマネコ *Prionailurus [Mayailurus] iriomotensis*（または *Prionailurus bengalensis iriomotensis*）

マレーヤマネコ *Prionailurus planiceps*

スナドリネコ *Prionailurus viverrinus*

サビイロネコ *Prionailurus rubiginosus*

※マヌルネコは単型のマヌルネコ属に分類されているが、ベンガルヤマネコ属に分類するという説もある。

スナドリネコ。泳ぎがうまく漁をすることで知られ、川に潜って魚類や甲殻類などの獲物を捕らえる。

マヌルネコ Pallas's Cat (*Otocolobus manul*)

ネコ科・マヌルネコ属
【頭胴長】45〜65cmほど　【尾長】21〜31cmほど

中央アジアの平地や比較的標高の高い山地に生息する。約1100万年前、ネコ科動物のなかでは最も古い時代に、ネコ科の祖先から分岐したとする説もある。寒冷な乾燥地に適応し、体毛が長く密生しており、丸々とした見た目が特徴。この厚い毛皮により、凍った地面や雪の上で腹ばいになっても、体が冷えずにすむという。

「マヌル」とは、モンゴル語で
「小さいヤマネコ」を意味する。

マヌルネコの顔つきは、非常に特徴的。
額は高く、丸い耳は低く離れた位置に
ついている。

主に単独で行動し、昼間は岩の割れ目や岩穴、マーモットなどのほかの動物が掘った穴に潜んでいる。

マヌルネコの子ども。体毛は成獣より柔らかく、斑紋もよりはっきりと見える。

ベンガルヤマネコ Leopard Cat (*Prionailurus bengalensis*)

ネコ科・ベンガルヤマネコ属
【頭胴長】35～66cmほど　【尾長】15～40cmほど

平均してイエネコと同程度の体長であるが、脚はやや長く、尾は体長の半分
ほどの長さがある。南～東アジアにかけて広く分布し、南方の種は黄褐色、
北方の種は銀白色と、毛色は変化に富んでいる。全身に黒や褐色の斑点が
並び、その美しい斑紋は、英名の通り、小さなヒョウを思わせる。

スンダヤマネコ
Sunda Leopard Cat (*Prionailurus javanensis*)

ネコ科・ベンガルヤマネコ属
【頭胴長】34〜66cmほど　【尾長】14〜33cmほど

インドネシアからフィリピンにかけての島々に分布するヤマネコで、
環境の適応力が高く、湿地林や熱帯林、プランテーションや耕作地
など、さまざまな場所に生息する。ベンガルヤマネコによく似ている
が、毛色は灰色がかっており、体の斑点は比較的小さい。

アムールヤマネコ Amur Leopard Cat
(*Prionailurus euptilurus* または *Prionailurus bengalensis euptilurus*)

ネコ科・ベンガルヤマネコ属
【頭胴長】60〜83cmほど 【尾長】25〜44cmほど

中国北東部や朝鮮半島などの東アジアに広く分布するベンガルヤ
マネコの近縁種で、ツシマヤマネコはこの亜種とされている。全
身は長い体毛で密に覆われており、灰褐色の体には小さな斑点が
ちりばめられている。

ツシマヤマネコ Tsushima Leopard Cat

(*Prionailurus euptilurus tsuensis* または *Prionailurus bengalensis euptilurus*)

ネコ科・ベンガルヤマネコ属
【頭胴長】46〜82cmほど　【尾長】20〜35cmほど

アムールヤマネコの亜種であるツシマヤマネコは、長崎県の対馬にのみ分布する。対馬の人々からは、「山に住むトラ毛模様のネコ」という意味で、「とらやま」や「とらげ」などと呼ばれていた。大きさはイエネコと同じくらいか一回り大きい程度で、耳の後ろの斑点と、太く長い尾が特徴である。

イリオモテヤマネコ Iriomote Cat

(*Prionailurus* [*Mayailurus*] *iriomotensis* または *Prionailurus bengalensis iriomotensis*)

ネコ科・ベンガルヤマネコ属
【頭胴長】50〜60cmほど　【尾長】23〜24cmほど

日本（沖縄県西表島）の固有亜種で、世界的に見ても、最も分布域の狭いヤマネコとして知られる。主に夜行性で地上生活が中心だが、よく木に登ることも確認されている。潜水して魚を捕まえるほど泳ぎが得意で、河川の周辺や低湿原、林縁などを好む。
（写真：環境省西表野生生物保護センター提供）

マレーヤマネコ Flat-headed Cat (*Prionailurus planiceps*)

ネコ科・ベンガルヤマネコ属
【頭胴長】41〜56cmほど 【尾長】13〜17cmほど

東南アジアに比較的広い分布域を持つマレーヤマネコだが、非常に希少性が高く、その生態の多くが謎に包まれている。ネコ科動物にしては珍しく、やや平たく細長い頭部を持っているのが特徴。指の間に水かきがあり、爪を引っ込めることができない。

スナドリネコ Fishing Cat (*Prionailurus viverrinus*)

ネコ科・ベンガルヤマネコ属
【頭胴長】57〜86cmほど 【尾長】20〜33cmほど

沼の多いやぶ地やマングローブ林、川沿いの密林など、水が豊富
な地域に好んで生息するスナドリネコ。その名前の通り「漁（す
など）り」をするネコであり、主に魚類を捕らえて生活する。指の
間にはわずかながら水かきがあり、泳ぎも上手い。魚のほかにカ
エルやザリガニを食べ、陸上ではネズミも捕食する。

スナドリネコは一見するとイエネコ
のようにも見えるが、体つきはより大
きく、顔もどことなく野性的だ。

爪を収める鞘（さや）が発達していないため、かぎ爪が少し出た状態になっている。

サビイロネコ Rusty-spotted Cat (*Prionailurus rubiginosus*)

ネコ科・ベンガルヤマネコ属
【頭胴長】35〜48cmほど　【尾長】15〜30cmほど

インド、ネパール、スリランカに生息する極小型のサビイロネコは、クロアシネコと並び、世界最小のネコ科動物として知られる。背と脇腹にさび色の斑点があるのが特徴で、木登りがうまく、樹上でも非常に俊敏に動くことができる。ほかのネコ科動物に比べると友好的な性格で、子ネコから育てれば、人間にもよくなれるという。

LINEAGE 3

ピューマの仲間

PUMA, HERPAILURUS, ACINONYX

それぞれ1種のみで構成されるピューマ属、ジャガランディ属、チーター属。体格や毛衣、分布など、異なる特徴を持つが、彼らは約825万年前の中新世に共通の祖先から分岐し、独自の進化を遂げていったと考えられている。

【ピューマ属】

ピューマ *Puma concolor*

【ジャガランディ属】

ジャガランディ *Herpailurus yagouaroundi*

【チーター属】

チーター *Acinonyx jubatus*

ピューマ。大型のネコ科動物のなかで、
特に大きな目を持つ。

ピューマ Cougar (*Puma concolor*)

ネコ科・ピューマ属
【頭胴長】100〜180cmほど　【尾長】60〜90cmほど

ヤマネコ類のなかで最大の体格を誇る。分布域はカナダ南部から南アメリカ
南端にかけてと広く、寒冷な地域の個体ほど体が大きくなる傾向がある。森
林に生息し、広大な縄張りを狩りをしながら回る。運動能力が高いことで知ら
れ、特に跳躍力に秀でていて、5mほどの高さまで垂直に跳ぶことができる。

体は大きいが、木登りも得
意。鋭い視線の先には獲物
がいるのだろうか。

成獣のピューマの体は黄褐色の毛で覆われ、無紋。学名の「concolor」は「単色の」という意味がある。耳の縁と長い尾の先だけが黒くなっている。

ピューマの幼獣の体には全体的にヒョウのような斑点があるが、成長とともに消えていく。

南米パタゴニアの山岳地帯に
生息するピューマ。

ジャガランディ Jaguarundi (*Herpailurus yagouaroundi*)

ネコ科・ジャガランディ属
【頭胴長】53〜77cmほど　【尾長】31〜60cmほど

ほっそりした体つきと短い四肢、小さな耳が特徴のジャガランディ。
イタチやカワウソに似た、ネコ科らしからぬ体形をしているが、ピ
ューマの近縁種とされる。中央アメリカと南アメリカに分布し、「カ
ワウソネコ」とも呼ばれている。

ジャガランディは水辺近くの
草地や茂みに棲むことが多く、
木登りのほか、泳ぎも得意。

チーター Cheetah (*Acinonyx jubatus*)

ネコ科・チーター属
【頭胴長】110〜150cmほど　【尾長】60〜84cmほど

最大時速約100〜110kmほどで走ることができる、哺乳類最速の動
物。野生の捕食動物としては高い狩りの成功率を誇るものの、チー
ターの「速く走る」ことに特化した体は脆弱なため、ほかの肉食動物
との争いを避けざるを得ないといわれている。

チーターには目頭からアゴにかけて黒いライン
があり、その見た目から「ティアーズマーク
（涙の印）」と呼ばれている。

チーターの爪はネコ科動物としては珍しく、常に外に出ている。走るときには、この爪がスパイクの役割を果たす。

チーターは昼行性で、狩りは日中に行なうが、狩りの合間にはこのように昼寝もする。

チーターは1度の出産で1〜8頭の子ども
を産む。生後3カ月頃までの子どもは、た
てがみ状の体毛で覆われている。

チーターの突然変異個体であるキングチーター。チーターの体毛は通常、斑点模様だが、キングチーターは斑点が帯状につながっている。キングチーターの発見当初は、チーターとは別種とされていた。だが、同じ母親がチーターとキングチーターを同時に産むことから、同種であることが明らかになった。

オオヤマネコ
の仲間

LYNX

オオヤマネコとは、ネコ科オオヤマネコ属に属する中型獣の総称で、北米とユーラシアの北部に分布する。リンクスとも呼ばれるが、これはギリシャ語で「光」を意味しており、オオヤマネコの目がわずかな光でも物体像を捉えることに由来している。

【オオヤマネコ属】
ユーラシアオオヤマネコ *Lynx lynx*
スペインオオヤマネコ *Lynx pardinus*
カナダオオヤマネコ *Lynx canadensis*
ボブキャット *Lynx rufus*

耳の先端と頬の横に長い房毛が生えているユーラシアオオヤマネコ。

ユーラシアオオヤマネコ Eurasian Lynx (*Lynx lynx*)

ネコ科・オオヤマネコ属
【頭胴長】80〜130cmほど　【尾長】11〜25cmほど

オオヤマネコ属で最も体の大きいユーラシアオオヤマネコ。ユーラ
シア大陸の寒い地域に分布しているため、冬毛は厚くなり、足にも
長い毛が密生して足幅がかなり太くなる。これは雪靴の役割をして
おり、新雪でも足が沈むことなく、体が冷えることを防いでいる。

夏毛は黄褐色や暗褐色など
赤みが強くなり、茶色や黒色
の斑点が濃く浮き出る。

非常に優れた視力を持つユーラシアオオヤマネコ。獲物を見つけると、追跡しながら忍び寄り、最後に跳びかかって仕留める。

ユーラシアオオヤマネコの体毛は、冬
には灰色がかった毛に生え変わるた
め、白い雪のなかで目立たない。

耳の先に付いている黒い房
毛は、物音を聞く際に役立っ
ていると考えられている。

スペインオオヤマネコ Iberian Lynx (*Lynx pardinus*)

| ネコ科・オオヤマネコ属
【頭胴長】80〜110cmほど　【尾長】12〜13cmほど

かつてはイベリア半島全域に生息していたが、現在ではスペイン南部などでしか生息が確認されていない。一時、個体数は100頭以下まで激減したが、保護活動が成功し、現在は、約1100頭がスペインとポルトガルに生息しているという。

赤褐色の体毛と黄金色の瞳が特徴的なスペインオオヤマネコ。冬は灰色の体毛に生え変わる。

カナダオオヤマネコ Canadian Lynx (*Lynx canadensis*)

ネコ科・オオヤマネコ属
【頭胴長】67〜110cmほど　【尾長】5〜17cmほど

ユーラシアオオヤマネコと形態的によく似ているが、一回りほど小型である。灰色がかった茶色の体毛に、黒っぽい斑点を持つ。分厚い毛皮に覆われた長い脚は、深い雪のなかを歩き回るのに適している。

カナダオオヤマネコの夏毛は赤味がかった茶色になり、冬毛に比べて短くなる。毛が短くなった分、足の大きさがより強調されている。

目つきが鋭く、西洋では何でも見透かしてしまう「ボイオティアの大山猫」として、古代から引用されてきた。

ボブキャット Bobcat (*Lynx rufus*)

ネコ科・オオヤマネコ属
【頭胴長】65〜105cmほど　【尾長】11〜19cmほど

カナダ南部からメキシコにかけての森林、草原、半砂漠地域に幅広く
分布する。ほかのオオヤマネコ属と似た姿をしているが、4種のなか
で最も小さい。毛色は生息地域によって異なるが、一般的には灰色が
かった茶色い体毛を持ち、黒い線が胴体と前脚、尾に入っている。

ほかのオオヤマネコ属と異なり、耳の先端にはごくわずかな黒い房毛しか生えていない。

ボブキャットの子ども。この頃から
特有の模様を確認できる。

小動物が減る冬場には、シカ狩りをすること
が知られており、自分の体重の8倍もあるシ
カを捕らえたという記録も残っている。

LINEAGE 5

オセロットの仲間

LEOPARDUS

オセロットに代表されるオセロット属は、
中南米に広く分布するネコ科動物である。
体に斑紋のある種が多いが、同じ属内で
あっても、マーゲイなどの森林に生息する
種と、アンデスキャットなど高地に生息す
る種とでは、その見た目は大きく異なる。

【オセロット属】

オセロット Leopardus pardalis

マーゲイ Leopardus wiedii

ジョフロイキャット Leopardus geoffroyi

コドコド Leopardus guigna

ジャガーキャット Leopardus tigrinus

サザンタイガーキャット Leopardus guttulus

パンパスキャット（コロコロ）Leopardus colocolo

アンデスキャット Leopardus jacobita

イエネコの2倍ほどの大きさのオセロットは、同属のなかで最大の種である。

オセロット Ocelot (*Leopardus pardalis*)

| ネコ科・オセロット属
【頭胴長】55〜100cmほど 【尾長】26〜45cmほど

南米大陸のほか、メキシコやアメリカ・テキサス州の一部に分布するオセロットは、メキシコの先住民であるナワ族の言葉で、ジャガーを意味する「Ocelotl」が名前の由来。熱帯雨林に単独で生活し、小型のサルやオポッサム、爬虫類、鳥などを捕食する。多くのネコ科動物は水を苦手とするが、オセロットは水を嫌わず巧みに泳ぐことができる。

体毛は短く、黒く縁取られたオレンジ色の斑紋が特徴。

美しい毛皮やペットとしての飼育
を目的とした乱獲が続いたことか
ら、現在オセロットは多くの国で
絶滅危惧種に指定されている。

マーゲイ Margay (*Leopardus wiedii*)

ネコ科・オセロット属
【頭胴長】48〜79cmほど　【尾長】33〜51cmほど

マーゲイはメキシコから南アメリカにかけて分布し、熱帯雨林に生
息している。主に樹上で生活し、狩りも樹上で行なうことが多い。
ネコ科の動物のなかでは飛び抜けて木登りが上手く、頭を下にし
て木の幹を駆け下りることができるほど、脚がしなやかに動く。

マーゲイはオセロットに似ているが、より小柄で目が大きく、尻尾の模様が異なる。

ジョフロイキャット Geoffroy's Cat (*Leopardus geoffroyi*)

ネコ科・オセロット属
【頭胴長】45〜70cmほど　【尾長】26〜35cmほど

南米大陸中部からマゼラン海峡付近にかけての比較的寒冷な草原や低木地を好み、低地からアンデス山脈の高地まで生息する。南米の野生ネコのなかでは最も個体数が多い。生息域内では食物連鎖の上位に位置し、げっ歯類、ウサギ、その他の小動物、鳥、両生類、魚を捕食する。

コドコド　Kodkod (*Leopardus guigna*)

ネコ科・オセロット属
【頭胴長】37〜51cmほど　【尾長】17〜25cmほど

アルゼンチン南西部とチリ南部の森林に生息する、南北アメリカ大陸で
最も小型のネコ科動物。耳が丸く、黄褐色または灰褐色の体に黒い斑紋
があり、全身黒色の変種も確認されている。（写真：Guigna Jim Sanderson
cropped.JPG　https://fr.wikipedia.org/wiki/Guigna　より転載）

ジャガーキャット Oncilla (*Leopardus tigrinus*)

ネコ科・オセロット属
【頭胴長】38〜64cmほど　【尾長】20〜42cmほど

オセロットやマーゲイによく似ているが、より小型で華奢な体つきをしている。南米大陸の北部から中部に分布し、標高4500mの高地や、灌木がまばらに茂る低木地帯でも生息が確認されている。マーゲイほどではないが、木登りを得意とし、鳥やトカゲ、小型の哺乳類を捕食している。

サザンタイガーキャット　Southern Tiger Cat (*Leopardus guttulus*)

ネコ科・オセロット属
【頭胴長】38〜59cmほど　【尾長】20〜42cmほど

長い間、ジャガーキャットの亜種として考えられてきたが、現在は
遺伝学的研究に基づき、独立した種として分類されている。オセロ
ットとの競合を避けるため、日中に活動することもある。
（写真：Leopardus tigrinus - Parc des Félins.jpg　https://fr.wikipedia.org/
wiki/Leopardus_guttulus　より転載）

パンパスキャット（コロコロ）

Pampas Cat / Colocolo (*Leopardus colocolo*)

ネコ科・オセロット属
【頭胴長】56〜67cmほど　【尾長】29〜32cmほど

南米大陸中西部の草原や森林に生息するネコで、コロコロまたはパ
ジェロとも呼ばれる。体色や斑紋のパターンが生息地によって異な
るため、かつては数種に分けられていた。背筋には長さ約7cmにも
達するたてがみ状の毛が生えており、威嚇するときにこれが逆立つ。

アンデスキャット

Andean Mountain Cat (*Leopardus jacobita*)

ネコ科・オセロット属
【頭胴長】57〜75cmほど 【尾長】35〜48cmほど

アルゼンチンとチリの北部やボリビアに分布し、アンデス山脈の標高1800
〜4000m以上の岩がちな草原地帯に生息している。体全体が長く柔らか
い灰褐色の体毛で密に覆われており、不明瞭な斑紋がある。(写真:Andean
cat 1 Jim Sanderson.jpg https://nl.wikipedia.org/wiki/Bergkat より転載)

カラカルの仲間

CARACAL,
LEPTAILURUS

がっしりとした体つきと短い体毛が特徴のネコ科の属。特に、サバンナに生息するカラカルとサーバルは、チーターのように四肢がより長く進化している。ともに同様の獲物を捕食するが、生息地が異なるため競争することはほとんどない。

【カラカル属】
カラカル *Caracal caracal*
アフリカゴールデンキャット
Caracal aurata または *Profelis aurata*

【サーバル属】
サーバル *Leptailurus serval*

草原にたたずむカラカル。トルコ語の「黒い耳」に由来する名前の通り、黒い毛に覆われた耳が特徴である。

カラカル Caracal (*Caracal caracal*)

ネコ科・カラカル属
【頭胴長】69〜106cmほど 【尾長】20〜34cmほど

インドから中東、アフリカ大陸にかけて広く分布し、半砂漠や草原
に生息している。尻尾は短いが四肢は長く、特に後肢が発達してい
る。俊敏性と跳躍力に優れており、3mくらいの高さまでジャンプし
て、飛んでいる鳥を捕まえることもできる。

長い房毛が生えた特徴的な耳は左右別々に動かすことができ、敏感に物音を感じ取ることができる。

木に登るカラカルの子ども。木
登りが得意で、樹上で休息を取
ることも確認されている。

サーバル Serval (*Leptailurus serval*)

ネコ科・サーバル属
【頭胴長】67〜100cmほど 【尾長】20〜45cmほど

サーバルの特徴は、小さな頭と際立って大きな耳を持ち、両耳の
間隔が狭いこと。個体によっては体長1m近くにもなるが、四肢
が長く、体形はすらりと細い。端正な顔立ちだが気性が荒く、小
型の哺乳類や鳥などを捕食する。

獲物に狙いを定めると、ジャンプして
真上から襲いかかる。

ネコ科動物のなかでも際立って大きな耳を
持つサーバル。その聴力は、土の中にいるネ
ズミの動きさえ感知できるほどだという。

サーバルは基本的に夜行性で、普段
は背の高い草むらや茂みに身を隠
すようにして生活している。

アフリカゴールデンキャット
African Golden Cat (*Caracal aurata* または *Profelis aurata*)

ネコ科・カラカル属
【頭胴長】61〜101cmほど 【尾長】25〜46cmほど

アフリカ大陸の中央部と西部の熱帯雨林に生息し、名前の通り黄褐色の体毛で覆われている。樹上での生活に適したがっしりとした四肢を持ち、サル、レイヨウといった小〜中型の哺乳類や、鳥などを捕食する。密林に単独で生活しているため、その生態については未解明な部分が多い。

LINEAGE 7
アジアゴールデン
キャットの仲間
CATOPUMA, PARDOFELIS

東南アジアに分布するアジアゴールデン
キャットと、ボルネオ島の固有種である
ボルネオヤマネコの2種は、ボルネオ島が
近隣の島と陸続きだったおよそ500万年前
に、分かれて進化した。また、マーブルキ
ャットは、およそ900万年前に分岐した近
縁種だと考えられている。

【アジアゴールデンキャット属※】
アジアゴールデンキャット *Catopuma temminckii*
ボルネオヤマネコ
Catopuma badia (Pardofelis badia)

【マーブルキャット属】
マーブルキャット *Pardofelis marmorata*

※アジアゴールデンキャットとボルネオヤマネコは、マーブ
ルキャット属に分類されることもある。

眠りにつくアジアゴールデンキャット。以前は夜行性と考えられていたが、今では不規則な生活を送ると考えられている。

アジアゴールデンキャット
Asian Golden Cat (*Catopuma temminckii*)

ネコ科・アジアゴールデンキャット属
【頭胴長】66〜105cmほど　【尾長】40〜57cmほど

ネパール、中国南部からインドシナ半島、スマトラ島にかけて分布する
中型のネコ科動物。別名のテミンクネコや学名は、アフリカゴールデン
キャットを命名した動物学者、コンラート・ヤコブ・テミンクにちなん
だもの。主に森林で生活し、鳥や爬虫類、小型のシカなどを捕食する。

体色には差異があるが、栗色の
単色型と、オセロットやベンガ
ルヤマネコのような斑紋型 (写
真) の2つに大きく分けられる。

森林開発による生息地の減少
のほか、毛皮や生薬の材料とし
て密猟されることがあり、野生
のアジアゴールデンキャットの
生息数は減少している。

ボルネオヤマネコ　Bay Cat (*Catopuma badia / Pardofelis badia*)

ネコ科・アジアゴールデンキャット属
【頭胴長】50～67cmほど　【尾長】30～40cmほど

ボルネオ島の密林やジャングルのそばの石灰岩地帯に生息するボルネオヤマネコ
は、これまで捕獲や観察された例が少なく、分布や生態については未解明な部分
が多いため、世界で最も希少なネコ科動物の一つとされている。
（写真：Bay cat 1 Jim Sanderson.jpg　https://en.wikipedia.org/wiki/Bay_cat　より転載）

マーブルキャット　Marbled Cat (*Pardofelis marmorata*)

ネコ科・マーブルキャット属
【頭胴長】45〜62cmほど　【尾長】35〜55cmほど

ネパールからインドシナ半島、スマトラ島など東南アジアの熱帯雨林に
生息し、大理石（marble）に似た斑紋を持つことから名付けられた。樹上
で生活し、リスや鳥、トカゲ、昆虫を捕食する。小柄な体の割に長い尾を
持つが、これは樹上でバランスを保つためと考えられている。

ヒョウの仲間

PANTHERA, NEOFELIS

ヒョウ属は、いわゆる"猛獣"と呼ばれる大型ネコ科動物の一群である。舌骨の一部が軟骨化していることから太い声で咆哮するが、ユキヒョウのみ咆哮できない。なお、ウンピョウ属はネコ属とヒョウ属の中間に位置する動物だと考えられている。

【ヒョウ属】

ライオン *Panthera leo*
インドライオン *Panthera leo persica*
ヒョウ *Panthera pardus*
アムールヒョウ *Panthera pardus orientalis*
ペルシャヒョウ *Panthera pardus saxicolor*
ジャガー *Panthera onca*
ユキヒョウ *Panthera uncia*
シベリアトラ（アムールトラ）*Panthera tigris altaica*
ベンガルトラ *Panthera tigris tigris*
スマトラトラ *Panthera tigris sumatrae*

【ウンピョウ属】

ウンピョウ *Neofelis nebulosa*
スンダウンピョウ *Neofelis diardi*

分厚い体毛で寒さを防ぐユキヒョウ。

ライオン Lion (*Panthera leo*)

ネコ科・ヒョウ属
【頭胴長】140〜250cmほど　【尾長】70〜105cmほど

トラに次いで大きく、ネコ科動物のなかでは唯一「プライド」と呼ばれる群れをつくって生活する。かつてはアフリカからユーラシア、そしてアメリカ大陸と広く分布していたが、現在はアフリカとインドの一部にのみ生息している。「百獣の王」と表現されるように、たてがみを持ったオスは強さの象徴として、古くからさまざまな文化圏で国旗や装飾などのモチーフとして使われてきた。

シマウマを追うメスライオン。集団で狩りを行なうため、大型の有蹄動物でも、チームプレーで追い込み、捕らえることができる。

母親にじゃれる子ライオンの兄弟。幼獣の頃は体に暗色の斑紋があるが、成長とともに消えていく。

「プライド」は数頭のメスと子どもたち、
そして群れを守る1〜3頭のオスで構
成されることが多い。

ライオンのメスは、重く目立ちやすい
たてがみを持たず、狩りを行なう役
割を担っている。

夜行性のライオンは、1日のうち20時間近くを、木陰や樹上などで過ごしていることが多い。

世界に300頭ほど存在する、白変種のホワイトライオン。白変種だが、雪に覆われた環境では、白い体毛が保護色となることから、氷期の名残だと考える学者もいたという。

インドライオン Asiatic Lion (*Panthera leo persica*)

ネコ科・ヒョウ属
【頭胴長】140〜195cmほど　【尾長】70〜88cmほど

ライオンの亜種で、現在はインドのグジャラート州ギル保護区にのみ
生息している。アフリカに生息するライオンと比べて体が小さく、体
色が薄い。森林で生活し、大型草食動物のほか、爬虫類や昆虫も食べ
る。群れをつくることもあるが、狩りは主に単独で行なう。

インドライオンの親子。現在の生息数は数百頭といわれており、絶滅が危惧されている。そのため、現在はインド政府の厳重な管理下で数を増やす試みが行なわれている。

ヒョウ Leopard (*Panthera pardus*)

| ネコ科・ヒョウ属
【頭胴長】90〜183cmほど　【尾長】60〜110cmほど

アフリカからアラビア半島、アジアまで広く分布するヒョウは、多くの亜種が知られている。単独で生活することが多く、アフリカなど、ほかの大型肉食動物と競合する地域では、捕らえた獲物を樹上に引き上げて保存することが確認されている。運動能力に優れ、最大時速約60kmで走るほか、泳ぐこともできる。

頭部や腹部には黒い斑紋があり、背面や
体側面には「ロゼット（バラ飾り）」と呼
ばれる特徴的な模様が並ぶ。

ヒョウは夕方や夜間に活動することが多く、日中の暑い時間帯は、樹上や岩場などで休んでいる。

ヒョウの親子。母親は、ライオンや
ハイエナなどから子どもを守りつ
つ、およそ2年間子育てを行なう。

ヒョウの黒変種であるクロヒョウ。一
般的なヒョウと同様の斑紋はあるが、
毛の色が濃いため見分けにくい。

アムールヒョウ Amur Leopard (*Panthera pardus orientalis*)

ネコ科・ヒョウ属
【頭胴長】107〜136cmほど　【尾長】82〜90cmほど

ロシア南東部と中国北東部の森林にのみ生息するヒョウの亜種。かつては朝鮮半島にも生息していたが、森林破壊や狩猟によって激減した。体は金色に近いオレンジ色で、夏の体毛は長さ2.5cmほどだが、冬には約7cmまで長くなる。魚やシカ、小型の哺乳類を捕食し、食べ残した獲物は、落ち葉をかけて隠す習性がある。

ペルシャヒョウ Persian Leopard (*Panthera pardus saxicolor*)

ネコ科・ヒョウ属
【頭胴長】150〜180cmほど 【尾長】95〜110cmほど

ヒョウの亜種の一つで、西アジアやコーカサス地方に分布している。すべてのヒョウの亜種のなかで最も体が大きく、体色は比較的薄い。野生のヒツジやイノシシを捕食するが、ペルシャヒョウの生息域にはトラなどの大型肉食動物が存在しないため、獲物を隠す必要はないという。

ジャガー 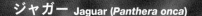 Jaguar (*Panthera onca*)

ネコ科・ヒョウ属
【頭胴長】112〜185cmほど　【尾長】45〜75cmほど

メキシコから南米にかけて生息する、南北アメリカ大陸最大のネコ科動物。見た目はヒョウに似ているが、ジャガーの方が体つきが頑丈で四肢が短く、黒い輪の中に小さな黒点が並んだ独特の斑紋を持っている。前肢から放つ強力な一撃で獲物を倒すとされ、アメリカ先住民の言葉で「一突きで殺す者」という意味の「ヤガー」が名前の由来になっている。

泳ぎが得意なジャガーは、魚やカメ、小型のワニのほか、オオアナコンダといったヘビも捕食する。

ジャガーの親子。メスは1度の出産で1〜4頭の子どもを産み、狩りの技術などを教えながら、2年ほど一緒に暮らす。

ユキヒョウ Snow Leopard (*Panthera uncia*)

ネコ科・ヒョウ属
【頭胴長】100〜140cmほど 【尾長】80〜100cmほど

中央アジアの山岳地帯に分布するユキヒョウは、最も標高の高い場所に生息するネコ科動物だ。野生のヒツジやヤギ、小型の哺乳類などを獲物とするが、時に家畜を襲うこともある。そのため、現地では害獣として駆除されることもあるほか、毛皮や生薬の材料を目的に密猟され、現在は絶滅が危惧されている。

急斜面を駆け下りるユキヒョウ。足は幅が広く、足裏が体毛で覆われているため、雪面でも滑りにくい。

分厚い体毛を持つユキヒョウ。
冬季にはさらに伸び、夏には長
さ5cmほどだった腹部の毛が、
冬には10cm以上まで伸びる。

ユキヒョウの子ども。1度の出産で2頭
前後生まれ、生まれたばかりでも、すで
に体毛で厚く覆われている。

岩場で毛づくろいをするユキヒョウ。
日中は岩の隙間などで休んでいるこ
とが多く、主に夕暮れから夜明けにか
けて活動する。

シベリアトラ（アムールトラ）
Siberian Tiger (*Panthera tigris altaica*)

ネコ科・ヒョウ属
【頭胴長】170〜300cmほど　【尾長】60〜110cmほど

ロシア東部の森林地帯に生息するトラの亜種。ネコ科動物で最も体が大きいトラだが、シベリアトラはそのなかでも最大の亜種で、体長3m、体重350kgに達した個体も存在したという。ヘラジカやイノシシを捕食し、ヒグマやツキノワグマを襲った例も報告されている。

シベリアトラの黒いしま
は、ほかの亜種に比べると、
幅がやや狭くなっている。

ベンガルトラ Bengal Tiger (*Panthera tigris tigris*)

ネコ科・ヒョウ属
【頭胴長】170〜210cmほど 【尾長】85〜110cmほど

インドを中心に分布するベンガルトラは、トラの亜種のなかでは最も
ポピュラーで、野生のトラの生息数のうちおよそ半数を占めている。
頬から首にかけての毛は長いが、体毛は短い。森林や湿地帯、川や湖
の近くに生息し、スイギュウやシカ、イノシシなどを捕食する。

ベンガルトラは泳ぎが非常に上
手く、川幅のある河川でも、対岸
まで簡単に泳ぎきるという。

ベンガルトラの白変種であるホワイトタイガー。動物園などで人気を呼んでいるが、野生下で目にすることはまれだ。

スマトラトラ Sumatran Tiger (*Panthera tigris sumatrae*)

ネコ科・ヒョウ属
【頭胴長】150〜180cmほど　【尾長】70〜90cmほど

インドネシア・スマトラ島のみに分布し、トラの亜種のなかでは最南端に生息している。かつてはバリ島とジャワ島にも亜種が生息していたが、20世紀に絶滅した。ほかの亜種と比較すると体が小さく、黒いしまの幅が広い。ジャングルの広大な縄張りに単独で生活し、シカなどの草食動物からクジャク、魚なども捕食する。

ほかのトラと同様、スマトラトラも
泳ぎを得意とする。また、比較的体
が小さいため、木に登ることもある。

ウンピョウ Clouded Leopard (*Neofelis nebulosa*)

ネコ科・ウンピョウ属
【頭胴長】69〜108cmほど 【尾長】61〜91cmほど

「ヒョウ」と名は付くものの、ウンピョウはヒョウ属ではない。黒く縁取られた雲形の斑紋から「雲豹」と名付けられた。インドネシアの熱帯雨林からネパール山脈などに生息する。生態については未解明な部分が多いが、シカやイノシシ、サル、鳥などを捕食すると考えられている。

ウンピョウはヒョウ属に比べて小柄だが、体の大きさに対する犬歯の長さの比率は、ネコ科最大級だ。

スンダウンピョウ Sunda Clouded Leopard (*Neofelis diardi*)

ネコ科・ウンピョウ属
【頭胴長】70〜105cmほど 【尾長】60〜85cmほど

ボルネオ島とスマトラ島に生息する中型のネコ科動物。ウンピョウの亜種として考えられてきたが、2006年にウンピョウとは異なる固有種として分類された。体は灰褐色から黄褐色で、頬と首には黒いしま模様がある。森林破壊などにより、個体数は減少傾向にある。

参考文献・資料

●参考書籍

『野生ネコの百科 第4版』 今泉忠明（データハウス）

『ニューワイド学研の図鑑 増補改訂版・動物』 今泉忠明監修（Gakken）

『ビジュアル博物館 ネコ科の動物』 Juliet Clutton-Brock（同朋舎出版）

『図説アフリカの哺乳類 その進化と古環境の変遷』 Alan Turner、Mauricio Anton（丸善）

『動物百科 絶滅巨大獣の百科』 今泉忠明（データハウス）

『世界の動物 分類と飼育2（食肉目）』 今泉吉典監修（東京動物園協会）

『動物世界遺産 レッド・データ・アニマルズ 全巻』 小原秀雄、太田英利ほか（講談社）

『改訂版 新世界絶滅危機動物図鑑 1巻 哺乳類Ⅰ ネコ・クジラ・ウマなど』 今泉忠明監修（Gakken）

●参考サイト

ナショナルジオグラフィック日本語サイト

Wildscreen（https://wildscreen.org/）

The IUCN Red List of Threatened Species（https://www.iucnredlist.org/）

Wild Cats Magazine（https://wildcatsmagazine.nl/）

監修

今泉 忠明（いまいずみ ただあき）

1944年東京都生まれ。東京水産大学（現・東京海洋大学）卒業後、国立科学博物館で哺乳類の分類と生態を研究。文部省（現・文部科学省）の国際生物学事業計画調査、日本列島総合調査、環境庁（現・環境省）のイリオモテヤマネコ生態調査などに参加。このほか、ニホンカワウソの生態調査、富士山における動物相の調査、北海道でトガリネズミのフィールド調査などに携わる。「ねこの博物館」館長などを歴任。
主な著書に、『アニマルトラック』（自由国民社）、『進化を忘れた動物たち』（講談社）、『小さき生物たちの大いなる新技術』（ベストセラーズ）など著書多数。

世界の野生ネコ 新装版

2024年2月6日　第1刷発行

発行人	土屋 徹
編集人	滝口 勝弘
企画編集	石尾 圭一郎
発行所	株式会社Gakken 〒141-8416 東京都品川区西五反田 2-11-8
印刷所	TOPPAN株式会社
DTP	株式会社グレン

編集協力	EDing Corporation
編集スタッフ	乙原 優子・小島 貴貴・梶間 伴果
デザイン	乙原 優子・梶間 伴果
校正	合同会社こはん商会・山田真弓
写真協力	Shutterstock 123RF Nature Picture Library gettyimages 環境省西表野生生物保護センター

〈この本に関する各種お問い合わせ先〉

・本の内容については、下記サイトのお問い合わせフォームよりお願いします。
　https://www.corp-gakken.co.jp/contact/

・在庫については
　Tel 03-6431-1201（販売部）

・不良品（落丁、乱丁）については
　Tel 0570-000577
　学研業務センター
　〒354-0045 埼玉県入間郡三芳町上富279-1

・上記以外のお問い合わせは
　Tel 0570-056-710（学研グループ総合案内）

ⒸGakken

本書の無断転載、複製、複写（コピー）、翻訳を禁じます。本書を代行業者等の第三者に依頼してスキャンやデジタル化することは、たとえ個人や家庭内の利用であっても、著作権法上、認められておりません。

学研グループの書籍・雑誌についての新刊情報・詳細情報は、下記をご覧ください。
学研出版サイト　https://hon.gakken.jp/

※本書は2014年11月に当社より刊行された『世界の野生ネコ』の新装版です。